Christoph Staufenbiel

Die Insel Usedom Landschaftsanalyse - Landschaftsbe-urteilung - Landschaftsprognose

GRIN Verlag

Bibliografische Information der Deutschen Nationalbibliothek:

Die Deutsche Bibliothek verzeichnet diese Publikation in der Deutschen National-
bibliografie; detaillierte bibliografische Daten sind im Internet über http://dnb.d-
nb.de/ abrufbar.

Impressum:

Copyright © 2011 GRIN Verlag, Open Publishing GmbH
Druck und Bindung: Books on Demand GmbH, Norderstedt Germany
ISBN: 978-3-640-82426-7

Dieses Buch bei GRIN:

http://www.grin.com/de/e-book/166079/die-insel-usedom-landschaftsanalyse-
landschaftsbeurteilung-landschaftsprognose

Universität Potsdam
Institut für Geoökologie
WS 2010/2011

Seminar zur Landschaftsökologie
Modul LL

Hausarbeit zum Thema:

Die Insel Usedom
Landschaftsanalyse-Landschaftsbeurteilung-
Landschaftsvorhersage

Name: Christoph Staufenbiel
Studiengang: Lehramt Bachelor
Abgabedatum: 28.1.2011

Inhaltsverzeichnis

1. Einleitung

Im Rahmen dieser Seminararbeit wird die Insel Usedom, als Gegenstand, dargeste

Dabei handelt es sich um eine Ausgleichküstenlandschaft der Ostsee. Dabei kommt es zunächst zur Landschaftsanalyse, das heißt zu einer Art Bestandsaufnahme der Subsysteme (wie Klima, Entstehung und Geomorphologie, Flora) sowie zur Erfassung einer Reihe weiterer Aspekte, wie beispielsweise der Lage und Gliederung dieser Landschaft.

Diese Analyse erfolgt jedoch weniger als eine sukzessive Abarbeitung der einzelnen Kompartimente, sondern soll vielmehr als ein Ineinandergreifen der einzelnen Subsysteme verstanden werden, da die diese im Allgemeinen bzw. in Bezug auf die Insel Usedom im Speziellen untereinander in Beziehung stehen und so die Landschaft massiv formen bzw. beeinflussen. Anbringend wird unter dem Gesichtspunkt der Landschaftsbeurteilung herausgestellt, in welchem Zustand sich die Insel Usedom befindet und inwieweit sie für das Leben von Pflanzen, Tieren und Menschen nutzbar ist bzw. inwieweit ein Nutzungsrisiko (für Tourismus beispielsweise) besteht.

Letztendlich kommt es zur Landschaftsvorhersage. Dabei wird ein Entwicklungsszenario dargestellt, das darauf abzielt, herauszustellen, welche Veränderungen im Zuge eines Klimawandels und zwar in Form der Erderwärmung, im Bereich der Insel Usedom möglich sind.

Methodisch wählte ich zunächst Bücher sowie aktuelle Literatur, die meinem Thema entsprachen. Darüber hinaus nutzte ich ebenfalls Beiträge sowie Diskussionen von Wissenschaftlern aus dem Internet.

2. Landschaftsanalyse

2.1 Lage und Einordnung

Bei der Insel Usedom handelt es sich um eine Ausgleichküstenlandschaft der Ostsee, im Nordosten Deutschland und gehört zu der Großlandschaft „Norddeutsches Tiefland, Küsten und Meere". Die Insel Usedom ist nach Rügen, die zweitgrößte Insel Deutschland, mit einer Landfläche von 445km². 372 km², also der westliche Teil der Insel gehört zu Deutschland und der östliche Teil mit einer Landfläche von 73 km² zu Polen. Usedom weist eine Länge von 42 km auf.

Die Insel Usedom ist von der Pommerschen Bucht, wie auch in Abbildung 2 ersichtlich, im Norden der Insel, im Westen vom Greifswalder Bodden, im Südwesten vom 20 km langen Peenestrom im Südenosten vom Festland getrennt. Im Süden der Insel befindet sich das Stettiner Haff, welches eine Ost-West-Ausdehnung von 52 km und eine in nord-südlicher Richtung von 22 km aufweist. Im Osten der Insel befindet sich die Swine, ein Meeresarm, welches das Stettiner Haff mit der Ostsee verbindet.

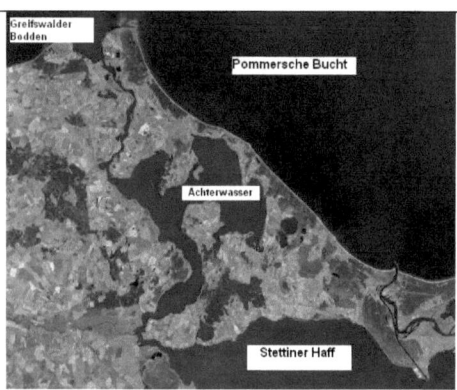

Abb.1: Sattelitenbild der Insel Usedom
(Quelle: google.earth.de)

Charakteristisch für die Insel ist die Vielfalt der landschaftlichen Formen, wie Wäldern, Seen, vermoorten Gebieten, Äckern, Wiesen und Dünenlandschaften. Im gesamten Küstenverlauf, wie auch in Abbildung 1 erkennbar, ist der Strandbereich und der dahinter liegende Küstenschutzwald klar ersichtlich. Dabei ist der Küstenverlauf sehr vielfältig. So ist er an der Außenküste relativ ausgeglichenen und zur Inlandseite sehr gegliedert und zerlappend. Zahllose verschiedene große und kleinere Buchten charakterisieren diesen Küstenverlauf. Zur Außenseite wechseln sich Steilküste mit deutlichen Erhebungen und Flachküste mit breiten Sandstränden ab.

2.2 Entstehung

Die Insel Usedom ist eine vergleichsweise junge Landschaft, welche sich vor etwa 14000 Jahren im Laufe der Weichseleiszeit bildete. Die Gletscher aus den nördlichen Gebieten breiteten sich weiter Richtung Süden aus, wodurch die charakteristische pommersche Endmoräne geschaffen wurde. Der Streckelsberg, mit einer Höhe von 56 Meter, im Südosten Usedoms wurde vor ca. 14000 bis 12000 Jahren im Wechsel von Kaltperioden und wärmeren Perioden geschaffen. Dies führte zur typischen Landschaft einer Stauchendmoräne. Danach folgte im so genannten Litorina Stadium, vor etwa 12000 bis 8000 Jahren, ein Absinken des Meeresspiegels weit unter seinem heutigen Stand. Usedom hatte zu diesem Zeitpunkt Verbindung mit dem Festland. Demnach folgte wiederum ein Abschmelzen der Gletscher, was die Transgression der Ostsee zur Folge hatte und der Meeresspiegel stark stieg. Infolgedessen ragten nur noch die höchsten Erhebungen, die Inselkerne von Usedom, aus dem Wasser.

Es gibt vier markante Inselkerne. Wolgast – Zecherin, im Nordwesten. Südlich davon befindet sich der Inselkern Neuendorf und Zinnowitz. Der Inselkern Koserow und Streckelsberg erschreckt sich in der Mitte Usedoms und im Südosten befindet sich der Inselkern Stubbenfelde. Durch den starken Anstieg des Meeresspiegels erfolgte im Nordosten der Küste dieser Inselkerne ein Abtrag durch die Brandung.

Zugegen wurden von der küstenparallelen Meeresströmung mächtige Mengen von Sand, der in Richtung der polnischen Insel Wolin nach Südosten transportiert. Dabei lagerte sich zwischen den Inselkernen viel Sand ab, worauf sich so genannte Sandhaken bildeten. Es erfolgte schließlich eine Abtrennung von der ursprünglichen Meeresbucht des Boddens vom offenen Meer und dadurch entwickelte sich das Achterwasser. Die Sandhaken wuchsen demzufolge zu einer Nehrung zusammen.

Die Gestalt der Küstenform Usedoms wird aber durch die Abtragungs- und Anlandungsprozesse dauerhaft verändert. Meeresströmungen, welche an den Küsten verlaufen, tragen Sand ab, wobei sich dieser an anderen Stellen wieder anlagerte. Dieser Prozess läuft auf der Insel Usedom stetig weiter, da der Sand frei von Steinen ist und dadurch Erosionsprozesse leichter wirken. So entstanden demzufolge Dünenlandschaften im Norden und die Küste von Nordwest bis Südost.

Außerdem bildete sich beispielsweise der Schmollensee im Osten und der Gothensee im Südosten durch das Zusammenwachsen der Sandhaken. Die Seen waren ehemalige abgetrennte Reste von Meeresbuchten.

2.3 Geomorphologie und Geologie

Landschaftlich einordnen ist Usedom als Endmoränenlandschaft, welche relativ reliefschwach ist. Die Stärke des Reliefs nimmt aber nach Osten hin, mit dem dort befindlichen Streckelsberg bis Golm, zu. Es gibt Erhöhungen bis auf 60 Metern Höhe, wobei der Inselkern von Koserow am Höchsten ist. Geprägt ist dieser Inselkern durch die Steilküste. Die geologische Struktur, besteht wie bereits in Punkt 2.2 beschrieben, aus den pleistozänen Inselkernen der Weichseleiszeit. Der Nordwestliche Teil der Insel hat überwiegend Ebenen aus Seesand. Dies sind holozäne Gletscherzungenbecken, wobei sich in diesen viel Sand durch Ausgleichsprozesse anlagerte. Des Weiteren befinden sich im Nordwesten vermoorte und versumpfte flache Grundmoränenlandschaften. Im Südosten Usedoms sind ebenfalls vermoorte Ebenen mit feinem Sand sitiuiert, sowie auch Grundmoränen und außerdem Stauchmoränen mit Sandern. Genannt werden diese erhöhten Stauchendmoränen Usedomer Schweiz. Des Weiteren finden sich auf Usedom flache Ebenen mit teilweise leichten Erhebungen auf den Inselkernen. Charakteristisch für den Boden sind Kreide- und Zechsteinsedimente, welche sich im Paläozoikum und Mesozoikum ablagerten. Des Weiteren besteht der Boden aus Tonen, Steinsalzen, Anhydriten, Dolomiten und Kalksteinen. So besitzt der Boden, bedingt durch wenige humushaltige Substanzen eine sehr geringe Speicherfähigkeit von Wasser und Nährstoffen.

Auch fand man Lagerungen von Kohle im Bereich der Halbinsel Gnitz. Zu DDR – Zeiten wurden 220000 Tonnen pro Jahr Erdöl gefördert.

Charakteristisch für die Usedom sind die Erosionsprozesse, die das Leben auf der Insel verändern, welche im Punkt 3. behandelt werden.

2.4 Klima

Usedom liegt in der gemäßigten Klimazone, hat jedoch durch die vorgelagerte Ostsee ein maritimes Klima. Das maritime Klima hat eine Einflussnahme auf die Temperaturentwicklung auf der Insel Usedom. Es werden mehrere Besonderheiten durch das maritime Klima deutlich. Eine Besonderheit ist eine geringe Jahres – und Tagesdifferenz. Der Anstieg und der Sturz der Temperaturen tritt in dem Gebiet Mecklenburg – Vorpommern etwas später ein, somit ist der Temperaturenanstieg im Frühjahr und der Temperaturrückgang im Herbst im Vergleich zum Binnenland etwas verspätet.In den Sommermonaten liegen die Tagestemperaturen bei rund 21°C, vereinzelt kann es aber auch bis zu 30°C warm werden. Im Winter sinken die Temperaturen auf 0 bis -5°C ab. Das Wasser hat im Juli und August eine Temperatur von 17°C bis 18°C (siehe Abbildung 2).

Die Ursache dieser Klimaerscheinungen liegt, wie bereits erwähnt, in den der Insel Usedom umgebenden Wasserflächen bzw. in den unterschiedlichen Eigenschaften von Wasser- und Landmassen.

Wasser hat eine größere Wärmekapazität und auch eine geringere Wärmeleitfähigkeit als das Land. Es ist demzufolge zur Erwärmung des Wassers im Vergleich zum Festland eine größere Energiemenge erforderlich. Das Wasser kann demzufolge auch wesentlich mehr Wärme speichern.

Der Jahreszeit entsprechend werden unterschiedliche Merkmale deutlich. In den Sommermonaten erwärmen sich die Landflächen schneller als das Wasser. Diese Erscheinung ist aufgrund der hohen Wärmekapazität des Wassers zu erklären.

Die darüber befindlichen Luftmassen werden durch diese Erscheinung maßgeblich beeinflusst. Der Boden gibt die Wärme schnell wieder ab, dadurch wird die Luft über der Landfläche erwärmt. Im Gegensatz dazu bleibt die Luft über der Wasserfläche kühl, da Wasser die Wärme speichert. Die Landfläche der Insel Usedom ist im Vergleich zum umliegenden Wasser relativ gering. Die Wärmeabgabe des Bodens erhitzt nur gering die Luft. Somit können in der Sommerperiode auf der Insel keine hohen Temperaturen erreicht werden, wie zum Vergleich zum südlich befindlichen Festland

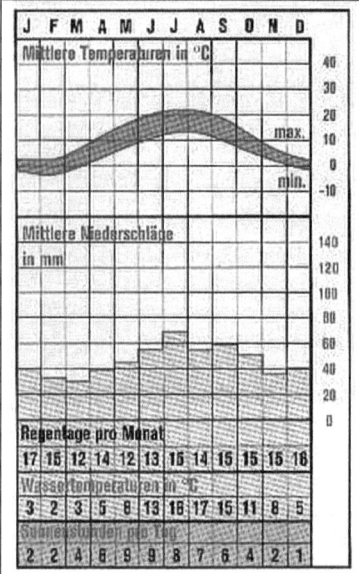

| J | F | M | A | M | J | J | A | S | O | N | D |

Mittlere Temperaturen in °C

max.
min.

40
30
20
10
0
-10

Mittlere Niederschläge in mm

140
120
100
80
60
40
20
0

Regentage pro Monat

| 17 | 16 | 12 | 14 | 12 | 13 | 15 | 14 | 15 | 15 | 15 | 16 |

Wassertemperatur in °C

| 3 | 2 | 3 | 5 | 8 | 13 | 18 | 17 | 15 | 11 | 8 | 5 |

Sonnenstunden pro Tag

| 2 | 2 | 4 | 8 | 9 | 9 | 8 | 7 | 6 | 4 | 2 | 1 |

Abb. 2: Klimadiagramm der Insel Usedom

(Quelle: Baedecker Reiseführer Usedom)

In den Wintermonaten wird die gespeicherte Wärme im Wasser langsamer abgegeben im Vergleich zu den Landflächen. Die Luft über der Wasseroberfläche kühlt sich demzufolge gegenüber der Luft über der Landfläche langsamer ab.

In Bezug auf die Insel Usedom bedeutet dies einen vergleichsweise geringen Temperaturrückgang im Gegensatz zu der Luft über großen Landmassen. Auf diese Weise verzeichnet man für die Wintermonate klimatisch einen mildernden Einfluss der Ostsee, welcher beispielsweise dazu führt, dass die Temperaturen im Monatsmittel nur selten unter den Gefrierpunkt fallen. Nur im Januar, Februar und Dezember liegt die Durchschnittstemperatur bei etwa -1°C (siehe Abbildung 2).

Wenn die Ostsee oder der Boden allerdings gefriert wird diese Wirkung aufgehoben. Hin und wieder kommt es zum Gefrieren des Greifswalder Boddens, weil er sehr flach ist (Tiefe bis 5 Meter) und somit ein kleines Volumen aufweist. So gibt der Bodden im Vergleich zur Ostsee die gespeicherte Wärme schneller ab. Das Besondere ist der geringere Salzgehalt gegenüber der Ostsee.

Dieser Fakt trägt ebenfalls dazu bei, dass sie schneller zufrieren, da der Gefrierpunkt von Salzwasser niedriger ist als der von Süßwasser. Aber auch der Teil der Ostsee, der unmittelbar an die Insel Usedom grenzt, hat einen niedrigen Salzgehalt, zwischen 0,7 % und 0,9 % - so dass es auch hier relativ schnell zur Vereisung an der Küste kommen kann.

Im Jahresdurchschnitt scheint die Sonne auf der Insel fünf Stunden pro Tag und die Niederschlagsmenge liegt bei 46 mm/m². Nach Köppen hat die Insel Usedom eine Cf Klimate mit speziellen maritimen Wettererscheinungen.

2.5 Boden und Flora

Aufgrund der küstennahen Lage der Insel Usedom und des maritimen Klimas Usedoms hat sich auch eine spezielle Fauna und Flora gebildet. Schließlich gibt es auf der Insel Usedom, bedingt durch die verschiedenen Landschaften wie Moore, Dünen, Seelandschaften, Brackwasser und Süßwasser und so weiter aber eine vielseitige Pflanzenwelt zu entdecken. In der Nähe des Strandes finden sich Salzmiere, Kalisalzkraut und Meersenf. In Dünen mit niedrigem Nährstoffgehalt dagegen finden sich Strandroggen, Strandhafer und Strandgerste. Besonders reichhaltig ist die Flora in den Mulden und auf den Weißdünen. Dort wachsen unter den Kiefern und Weiden häufig Mauerpfeffer, Habichtskraut und Katzenpfötchen. An der Steilküste finden sich Ölweiden und der Sanddorn. Diese Pflanzen dienen im Bereich des Wassers als Küstenschutz. Sie wirken der Wasser- und Winderosion entgegen. Das Wurzelwerk dient dabei der Befestigung der Steilhänge und Dünen. An vielen Stellen werden diese Pflanzen auch künstlich angelegt, um der Abtragung entgegen zu wirken.

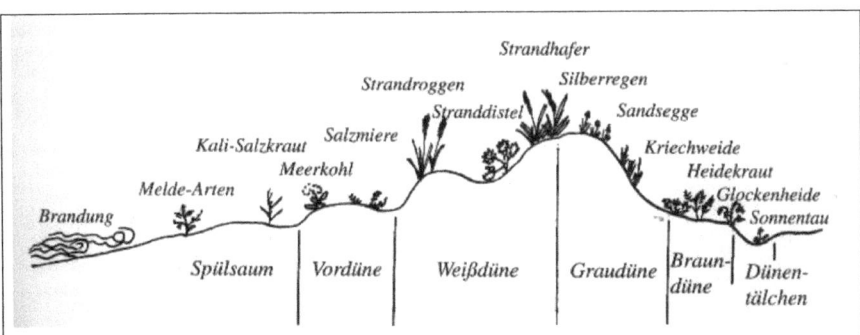

Abb. 3: Pflanzen an Usedoms Stränden und in den Dünen (Quelle: HOYER, E. (2001) : Naturführer Insel Usedom. Mit Haffküste, Ueckermünder Heide und unterem Peenetal. Verlag u. Naturfotoarchiv. In: http://www.ikzm-d.de/addons/fotos/20_Pr_sentation1.jpg)

In Abbildung 3 ist die typische Vegetation Usedoms an den Stränden ersichtlich. Dabei weisen die unterschiedlichen Dünentypen charakteristische Pflanzen auf. Grund für das Aufkommen dieser Vegetation ist die Wertigkeit des Bodens, denn beispielsweise Kali – Salzkräuter haben an den Standort geringere Ansprüche, als Strandregen beispielsweise, die wesentlicher mehr nährstoffhaltige Böden benötigen. Wie bereits in Punkt 2.3 beschrieben besteht der Boden meistens aus Anhydriten, Steinsalzen und Kalksteinen, die sehr nährstoffarm sind.

Im Innern der Insel wachsen Schwarzerlen, Birken und Weiden, da der Boden eine wesentlich größere Speicherfähigkeit hat. Des Weiteren findet man Nähe des höhergelegenen Streckelsberg und Golm Buchenarten, wie die Rotbuche, die Perlgrasbuche und die Siebensternbuche.

3. Landschaftsbeurteilung

Im Rahmen der Landschaftsbeurteilung soll vordergründig herausgestellt werden, wie geeignet die Insel Usedom für das Leben und Wirken der Menschen ist. Einer der wichtigsten Aspekte, die es diesbezüglich zu betrachten gilt, ist die Art und die Verteilung der Böden. Diese ist beispielsweise ausschlaggebend für eine etwaige landwirtschaftliche Nutzung. Die Landschaftsanalyse hat bereits gezeigt, dass die Voraussetzungen für landwirtschaftliche Aktivitäten auf der Insel sehr differenziert zu betrachten sind. In der Nähe der Küsten gibt es kaum intensive Landwirtschaft, da der Boden sehr nährstoffarm ist. Des Weiteren sind viele Gebiete auf der Insel als Landschaftsschutzgebiete (Abb. 4) ausgewiesen, die eine landwirtschaftliche Nutzung nicht ermöglichen.

1	Greifswalder Oie	62 ha
2	Peenemünder Haken,	1.870 ha
	Struck und Ruden	
3	Großer Wotig	190 ha
4	Südspitze Gnitz	105 ha
5	Wockninsee	50 ha
6	Mümmelkensee	6 ha
7	Cosim	85 ha
8	Böhmke und Werder	118 ha
9	Gothensee und Thurbruch	800 ha
10	Golm	25 ha
11	Streckelsberg	34 ha
12	Zerninsee-Senke	375 ha
13	Mellenthiner Os	65 ha
14	Kleiner Krebssee	43 ha
15	Görmitz	145 ha

Abb. 4: Landschaftsschutzgebiete auf der Insel Usedom

(Quelle: http://www.ikzm-d.de/abbildungen/20_Pr_sentation1_2.jpg)

Das Hinterland Usedoms wird vor allem landwirtschaftlich genutzt. Im Nordwesten (Uferbereich des Peenestromes) der Insel finden sich ertragreichere Böden. Anbauprodukte sind überwiegend Roggen, Hafer, Kartoffeln, Mais und Raps.

Auch relativ unbedeutend ist diese Landschaft als wirtschaftlicher Standort für die Industrie. Allein auf der Halbinsel Gnitz werden heute noch 7000 Tonnen Erdöl pro Jahr gefördert. Der größte Handelshafen liegt auf der polnischen Seite in Swindemünde, an dem Güter wie Kohle, Eisenerz und Stückgut umgeladen werden. Der jährliche Umsatz beträgt ca. 12 Millionen Tonnen.

Die Fischindustrie, als älteste Industrie, musste in den 70er Jahren, aufgrund des geringeren Fischvorkommens gegenüber dem 20. Jahrhundert mit enormen Einbußen rechnen.

Ansonsten liegt das größte Potential dieser Region, aufgrund der heterogenen Landschaften, wie in der Landschaftsanalyse dargestellt, im Tourismuszweig. Die Küste bietet dabei die Grundlage für einen attraktiven Tourismus. Der Süden der Insel ist dabei durch mehr anthropogene Einflüsse geprägt, als der Norden. Der Norden (Peenemünder Haken) war in der Zeit des Nationalsozialismus militärisches Sperrgebiet und war somit immer sehr Naturbelassen. Genutzt wird dieser Raum hauptsächlich durch die Forstwirtschaft.

Der Süden dagegen war immer schon geprägt von den Anfang des 20. Jahrhunderts entstandenen Seebädern, wie Heringsdorf (Badebetrieb seit 1825) und Zempin (seit 1895).

Unterstützt wird dieser Aspekt, der touristischen Nutzung, durch das vorherrschende Klima, wie in Punkt 2.4 dargestellt, welches für Bade, Wander- und Radurlauber gute Voraussetzungen bieten.

Der vorherrschende maritime Einfluss führt während der Wintermonate zu einem milden Klima, so dass auch außerhalb der Badesaison durchaus der Reiz besteht, die Insel beispielsweise für ausgedehnte Spaziergänge zu besuchen. Die Verwendung der Insel Usedoms als Erholungsort und touristisches Ziel entspricht heute auch ihrer vordergründigen Nutzung durch den Menschen. Sie brachte neben den Vorteilen in wirtschaftlicher Hinsicht auch positive Folgen unter landschaftsökologischen Gesichtspunkten. So wurden im Bereich auf der Insel, wie schon erwähnt (Abb. 4) viele Naturschutzgebiete errichtet, da der Erhalt der einheimischen Flora und Fauna eine wichtige Rolle für die Attraktivität der Insel Usedom spielt. Des Weiteren wurden im Zuge der touristischen Nutzung zahlreiche Maßnahmen für den Küstenschutz getroffen, damit es nicht zu einer Verringerung der Strandfläche kommt. Dazu zählen beispielsweise Buhnenanlagen, Deiche, Wälle und Bollwerke. Buhnen sammeln durch sich auf der zur Strömung gerichteten Seite der Buhne Sand infolge des Küstenlängstransportes, so dass eine gekrümmte Uferlinie entsteht, während auf der strömungsabgewandten Seite die Uferlinie zurückgeht, wodurch in Summe eine Materialabtragung unterbunden wird.

Ziel der Politik ist es dieses heterogene Landschaftsbild, im Innern und Äußeren der Insel zu erhalten. Gefährdet ist insbesondere die Steilküste, an welcher viel Material fortgespült und an den Ausgleichküsten in Heringsdorf und Swinemünde wieder angelagert wird. Heutzutage werden jährlich 0,7 Meter Material weggespült. Um dem entgegen zu wirken plant die dortige Naturschutzbehörde und das Ministerium die Buhnen bei Zempin, Koserow, Bansin und Heringsdorf wieder zu errichten. Überdies soll neuer Sand bei Koserow aufgespült werden und viele der Dünen der Insel, die im Laufe der Zeit abgetragen wurden, rekonstruiert werden.

Zusammenfassend sei im Rahmen der Landschaftsbeurteilung festgehalten, dass die

Insel Usedom im Zuge ihrer Hauptnutzung (Tourismus) eine Reihe von Beeinträchtigungen erfahren muss, die sich in vielerlei Hinsicht nicht auf den ersten Blick erfassen lassen. Allerdings erkennt man, insbesondere mit Blick auf die Verbreitung der Vegetation, keine schwerwiegenden ökologischen Probleme, was unter anderem auf die Errichtung der Naturschutzgebiete zurückzuführen ist. Weiterhin gilt als positiv herauszustellen, dass der Mensch eine Vielzahl von Maßnahmen zum Erhalt der Insel getroffen hat, wie beispielsweise den Schutz des Dünenzuges.

4. Landschaftsvorhersage

Grundsätzlich ist bei einer weiteren Entwicklung der Insel Usedom, wie es heute der Fall ist, davon auszugehen, dass es teilweise zu einem Wachstum an den Stränden von Swinemünde und Heringsdorf kommen wird. Demgegenüber ist an der Steilküste mit erheblichen Einbußen von Material zu rechnen. Grund dafür sind die Strömungsverhältnisse. Wie schon in der Landschaftsbeurteilung, in Punkt 3. beschrieben, sind dagegen schon viele Maßnahmen, zum Erhalt der Küste getroffen worden.

Welche Entwicklung ist jedoch zu erwarten, wenn es zu einem Klimawandel in Form der Erderwärmung kommt? Es soll versucht werden, diese Frage im Folgenden zu klären.

Ein Aspekt, den es diesbezüglich zu betrachten gilt, ist die Tatsache, dass mit der Erderwärmung das Abschmelzen großer Eismassen in den Polarregionen gekoppelt ist. Da es sich dabei um Süßwasservorkommen handelt, bedeutet dies im globalen Vergleich ein Senken des Salzgehalts der Meere. Wie bereits erwähnt, weist die Ostsee im Bereich der Insel Usedom heute bereits mit Werten zwischen 0,7 % und 0,9 % einen relativ geringen Salzgehalt auf. Eine Verringerung bedeutet, neben einer Veränderung der Tier- und Pflanzenwelt der Ostsee, dass es zu einem schnelleren Vereisen der Küsten kommt. Damit wäre ihr mildernder Einfluss auf das Klima der Insel Usedom im Winter schneller ausgeschaltet als es heute der Fall ist, was schließlich zu einem weitaus häufigeren Sinken der Temperaturen unter dem Gefrierpunkt führt. Insgesamt zeichnet sich somit ab, dass sich der maritime Einfluss im Hinblick auf eine globale Erwärmung abschwächt bzw. das Klima der Landschaft verstärkt kontinentale Züge annimmt und so beispielsweise eine größere Temperaturamplitude beschreibt als heute. Die deutlich höheren Temperaturen in den Sommermonaten beruhen unter anderem darauf, dass im Zuge von Großwetterlagen, beispielsweise über Osteuropa, verstärkt kontinentale und damit trockenere Luft in Richtung der Insel Usedom strömt, was einer Herabsetzung der Niederschlagsmenge gleichkommt. Damit stünde gleichzeitig mehr Energie zur Erwärmung der Bodden bzw. der Ostsee zur Verfügung, so dass diese schneller ihre gespeicherte Wärme abgeben und dementsprechend die Luft im Bereich der Insel Usedom mehr erwärmen. Zudem wäre damit ein verstärktes Austrocknen der Böden verbunden, was zum Einen den Effekt der höheren Lufttemperaturen im Bereich der Insel Usedom verstärken würde, da trockenere Untergründe eine geringere Wärmekapazität haben als feuchte. Außerdem bedeutet dies einen Wandel im Bereich der Vegetation und zwar dahingehend, dass sich Pflanzen mit geringeren Ansprüchen, wie z. B. Gräser ausbreiten.

Allerdings sind mit der Temperaturerhöhung in den Sommermonaten noch eine Reihe weiterer Risiken zu erwarten. So ist anzunehmen, dass es zu einer verstärkten Verdunstung kommt. Dies könnte zu einem Sinken des Grundwasserspiegels führen. Damit bestünde die existenzielle Gefahr für die Moore, besonders im Norden der Landschaft, dass sie teilweise austrocknen. Außerdem ließe eine derartige Temperaturerhöhung ein verstärktes Algenwachstum zu, was in der Ostsee, aber vor allem in den Inlandseen, wie der Gothensee, Schmollensee oder den Kölpinseen die Gefahr des Umkippens erhöhem würde. Des Weiteren ist zu erwarten, dass sich mit der Erderwärmung das Auftreten von Unwettern im Bereich der Insel Usedoms verstärkt. Diese Vermutung begründet sich ebenfalls darin, dass es infolge der höheren Temperaturen zu einer verstärkten Verdunstung kommt. Eine Folge ist, dass der Ostsee mehr Wärme entzogen wir als bisher, da die Energie für den Wechsel der Aggregatzustände erforderlich ist. Anderseits wird auf diese Weise bei der Kondensation mehr Wärme freigesetzt. Diese beiden Aspekte bewirken schließlich vermehrt vertikale energetische Ausgleichsbewegungen, was sich in Turbulenzen und schlussendlich in Unwettern äußert.

Die größte Gefahr allerdings, die auf der Insel Usedom im Zuge einer globalen Erwärmung bestünde, ist die des Meeresspiegelanstiegs. Hält man sich vor Augen, dass mit einer Erwärmung der Meere um 1 Grad ein Anstieg von etwa einen halbem Meter zu erwarten ist, so wird deutlich, welche gravierenden Auswirkungen der Insel Usedom bevorstehen. Abbildung 5 verdeutlicht dies. Ersichtlich ist hier ein etwaiges Verschwinden des Inselnordens sowie des mittleren Teiles.

Abb. 5: Hochwasserkarte Usedom (Meeresspiegel um 50 cm höher) (Quelle: WOLF, Alexander In: http://www.usedom-guide.de/images/stories/geographie/hochwasser-01m.gif)	Abb. 6: Hochwasserkarte Usedom (Meeresspiegel um 2 m höher) (Quelle: WOLF, Alexander In: http://www.usedom-guide.de/images/stories/geographie/hochwasser-02m.gif)

Abb. 7 Hochwasserkarte Usedom (Meeresspiegel um 5 m höher) (Quelle: WOLF, Alexander In: http://www.usedom-guide.de/images/stories/geographie/hochwasser-05m.gif)	Abb. 8 Hochwasserkarte Usedom (Meeresspiegel um 7 m höher) (Quelle: WOLF, Alexander In: http://www.usedom-guide.de/images/stories/geographie/hochwasser-07m.gif)

Bereits eine Erhöhung der Meerestemperatur um 3 Grad würde demnach einen Anstieg von 2 m bedeuten. Schon damit lägen große Bereiche der Insel unter dem Meeresspiegelniveau (Abbildung 6) – vor allem der Norden ist der Gefahr der Überschwemmung ausgesetzt.

Bei einer Meereserhöhung von rund 7 m würden nur noch die Inselkerne Stuppenfelde mit dem dort befindlichen Erhebungen, wie beispielsweise der Streckelsberg aus dem Wasser ragen (Abbildung 7).

Ein realistischer Anstieg liegt aber für die kommenden 100 Jahren bei, der in Abbildung 5, gezeigten Darstellung. Diesbezüglich sind die Gebiete im Norden der Insel überschwemmt. Dies hätte gravierende Folgen auf den Tourismus und der Wirtschaft dieser Landschaft zu Folge. Schließlich würden viele Ortschaften überschwemmt werden. Diese Problematik führt letztlich zum Wegfall vieler Arbeitsplätze der Region.

5. Literatur- und Quellenverzeichnis

Baedeker Allianz Reiseführer Usedom (2003): Mairdumont. Aufl. 1, Ostfildern.

BLUMENSTEIN, STEINHARDT (2005): Lehrbuch der Landschaftsökologie. Elsevier, Spektrum Akad. Verl., Heidelberg.

KLIEWE, H. (1960): Die Insel Usedom in ihrer spät- und nacheiszeitlichen Formenentwicklung, Berlin.

LESER, H. (1997): Landschaftsökologie. 4. Aufl.; Ulmer Verlag. Stuttgart.

NIEDERMEYER, R.-O.; KLIEWE, H.; Jahnke, W. (1987): Die Ostseeküste zwischen Boltenhagen und Ahlbeck. Ein geologischer und geomorphologischer Überblick mit Exkursionshinweisen, Gotha.

WILLE, H. (1953): Die Insel Usedom. Aufl. 1999. Hinstorff.

Internetquellen:
http://www.bfn.de/0311_landschaft.html?landschaftid=71501
http://de.wikipedia.org/wiki/Usedom http://de.wikipedia.org/wiki/Stettiner_Haff
http://de.wikipedia.org/wiki/Swine http://de.wikipedia.org/wiki/Gnitz
http://www.meck-pomm-hits.de/contenido-4.4.5/cms/front_content.php?idart=816
http://www.usedom-exclusiv.de/fruehjahr2005/geschichteusedom.htm
http://www.absolut-mecklenburg.de/root/II_00_00006/index.php?seite=334
http://www.ikzm-d.de/main.php?page=20,787
http://usedom-guide.de/content/blogcategory/17/32/